DU

TRICHOPHYTON,

DES AFFECTIONS QU'IL DÉTERMINE

SUR L'HOMME ET LES ANIMAUX,

OU

RECHERCHES ET OBSERVATIONS

SUR L'HERPÈS CIRCINÉ, L'HERPÈS TONSURANT, LA MENTAGRE, ETC.

Par E.-P. CRAMOISY,

Docteur en Médecine de la Faculté de Paris,
Pharmacien de 1re Classe,
Membre de plusieurs Sociétés savantes.

———oOo———

PARIS.

J.-B. BAILLIÈRE,

LIBRAIRE DE L'ACADÉMIE IMPÉRIALE DE MÉDECINE,
rue Hautefeuille, 19.

A LONDRES, CHEZ H. BAILLIÈRE, 219, REGENT-STREET;
A NEW-YORK, CHEZ H. BAILLIÈRE, 20, BROADWAY;
A MADRID, CHEZ C. BAILLY-BAILLIÈRE, CALLE DEL PRINCIPE, 11.

—

1856

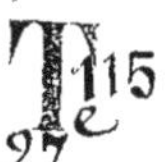

DU

TRICHOPHYTON,

DES AFFECTIONS QU'IL DÉTERMINE

SUR L'HOMME ET LES ANIMAUX,

OU

RECHERCHES ET OBSERVATIONS

SUR L'HERPÈS CIRCINÉ, L'HERPÈS TONSURANT, LA MENTAGRE, ETC.

Par E.-P. CRAMOISY,

Docteur en Médecine de la Faculté de Paris,
Pharmacien de 1re Classe,
Membre de plusieurs Sociétés savantes.

PARIS.

J.-B. BAILLIÈRE,

LIBRAIRE DE L'ACADÉMIE IMPÉRIALE DE MÉDECINE,
rue Hautefeuille, 19.

A LONDRES, CHEZ H. BAILLIÈRE, 219, REGENT-STREET ;
A NEW-YORK, CHEZ H. BAILLIÈRE, 20, BROADWAY ;
A MADRID, CHEZ C. BAILLY-BAILLIÈRE, CALLE DEL PRINCIPE, 11.

—

1856

PARIS. — RIGNOUX, IMPRIMEUR DE LA FACULTÉ DE MÉDECINE,
rue Monsieur-le-Prince, 31.

TABLE DES MATIÈRES.

PRÉFACE.

Pendant que j'étudiais à l'hôpital Saint-Louis les maladies de la peau, j'ai été frappé des résultats vraiment surprenants que M. le D⁰ E. Bazin obtenait dans le traitement des affections du système pileux.

J'ai recueilli avec soin ses leçons et ses observations, désirant en faire un travail spécial et en même temps combler une lacune dans l'intérêt de la science et des malades; car à M. Bazin revient l'honneur d'avoir, le premier en France, étudié et classé scientifiquement les teignes, et d'y avoir appliqué un traitement simple et rationnel, au lieu de la calotte, des tisanes, des purgatifs, des pommades ou de lotions plus ou moins irritantes, qui ne font disparaître le champignon que momentanément.

Je dois faire remarquer que l'expérience a dicté les principes que renferme ce travail, puisqu'ils ont été puisés dans un service d'hôpital uniquement consacré aux teigneux, et où plus de trois mille malades sont traités chaque année.

Cette vérité a été mise en lumière par l'analyse des faits et par le raisonnement. Mais le champ de l'observation est vaste, on y peut glaner derrière les maîtres, et recueillir des résultats nombreux et importants.

Les conclusions auxquelles nous a conduit cette manière d'envisager les maladies décrites dans ce travail ne seront pas sans doute goûtées de tous les esprits, de ceux-là surtout qui aiment le merveilleux, et admettent tout, *quia absurdum;* mais peut-être seront-elles accueillies plus favorablement par ceux qui pensent que, même dans leurs écarts apparents et leurs phénomènes les plus extraordinaires, les maladies ont, quatre-vingt-dix fois sur cent, des causes visibles ou saisissables, une marche constante et régulière. C'est le suffrage de ceux-ci que nous recherchons de préférence et qui nous serait le plus précieux.

DU TRICHOPHYTON,

ET DES AFFECTIONS QU'IL DÉTERMINE

SUR L'HOMME ET LES ANIMAUX.

INTRODUCTION.

Ex uno plura et varia.

HISTORIQUE. — Depuis deux mille quatre cents ans à peu près, plusieurs affections sont considérées tout à fait séparément, et cependant, comme nous le ferons voir, elles n'en font qu'une seule et même ; chaque période a un nom différent, et ce nom change également quand la maladie siége sur la peau, sur la tête, dans la barbe ou aux parties génitales : c'est ainsi, par exemple, que dans la première période, si le trichophyton est placé sur la peau dépourvue de poils, on l'appelle *herpes circinatus ;* s'il est sur la tête, on le nomme *herpes tonsurans;* s'il est au contraire situé dans la barbe, on le désigne par le mot grec *sycosis* (dérivé de συχον, figue) ; enfin, s'il se trouve aux parties génitales, on lui donne le non d'*intertrigo.*

Les anciens connaissaient ces différentes affections; mais ils en ignoraient la cause, l'évolution, et conséquemment le traitement : aussi ne nous ont-ils laissé que des hypothèses sur la nature de ces sortes de lésions. Dans ces temps, les humeurs jouaient un grand rôle dans les affections cutanées, et la difficulté ou même l'impossibilité qu'on éprouvait à guérir les maladies de peau contagieuses faisait qu'on séquestrait les malheureux qui en étaient atteints. Même encore aujourd'hui, les voyons-nous faire le dépit des malades et presque le désespoir des médecins.

Étymologie ancienne. Le sens du mot ερπης (de ερπειν, ramper), donné par Hippocrate à certaines affections cutanées, représentant des figures plus ou moins régulières, veut sans aucun doute désigner la première période que nous appelons herpétique ou herpès circiné. Lorry et Paul d'Égine ont parlé de deux variétés d'ερπης dans leurs ouvrages; l'une miliaire (κηγχριας), et l'autre ulcérée (εσθιομενος). Galien en a fait une troisième sous le nom d'herpès vésiculeux (ερπης φλυκταινωδης). Ces deux dernières variétés n'ont point de rapport avec l'affection développée par le trichophyton sur la peau ; car, partout où se dernier se trouve, il croît et passe successivement d'une période à l'autre, s'il est situé dans un endroit poilu, mais au contraire, il meurt dans la première période, s'il se trouve sur la peau.

Notre deuxième et troisième période est confondue par les anciens avec des affections du cuir chevelu, les unes sèches et les autres humides., sous les noms de *porrigo*, de *pityriasis capitis*, de *crustea lactea*, de *tinea*, d'*alopecia*, etc.

Celse dit : « Porrigo est, ubi inter pilos quædam quasi squamulæ « surgunt, eaque in cute resolvuntur et interdum madunt, multo « sæpius siccæ sunt, idque evenit, modo sine ulcere, modo exulce- « rato loco » (lib. VI, cap. 1, 2). Celse veut certainement parler de la teigne tonsurante du cuir chevelu ou de la barbe, en disant que le porrigo est formé de petites écailles parmi les poils, humides par intervalle, mais beaucoup plus souvent sèches.

Quant à notre quatrième période, elle est connue des temps les plus reculés sous le nom de *sycosis*. Pline rapporte qu'un chevalier romain l'apporta d'Asie à Rome, et qu'une grande partie de la population en fut atteinte par le simple baiser (qui était alors leur salut habituel). Celse en parle en ces termes : « Est etiam ulcus, quod, « a fici similitudine, συχωσις a Græcis nominatur. Caro excrescit, et id « quidem generale est. Sub eo vero duæ species sunt : alterum ulcus « durum et rotundum est, alterum humidum et inæquale. Ex duro « exiguum quiddam et glutinosum exit. Ex humida plus, et mali odo-« ris. Fit utrumque in iis partibus quæ pilis conteguntur, sed id qui-« dem quod callosum et rotundum est maxime in barba, id vero « quod humidum præcipue in capillo. » (Lib. VI, cap. 1, 3.)

Évidemment, de ces deux espèces d'ulcères dont Celse veut parler, celle qu'il appelle dure et ronde, et qu'il place dans la barbe, rentre dans notre quatrième période ou période tuberculeuse. Quant à l'autre, humide et inégale, de mauvaise odeur, et se formant particulièrement dans le cheveu, elle se rapporte aux lésions produites par le *porrigo scutulata* (achorion Schœnleinii).

Je ne m'arrêterai pas aux divers noms donnés à ces affections par les auteurs du siècle dernier et de celui-ci, puisque, comme on va le voir, le champignon à divers âges changera la nature de l'affection ; c'est ce qui fait que les travaux appréciés d'Alibert, de Plenck, de Willan, de MM. Cazenave, Gibert et Devergie, en classant par ordre toutes les maladies de la peau et du cuir chevelu, ont revêtu une seule et même maladie de différents noms, suivant le siége de ce parasite et le degré d'inflammation produit par sa présence.

Pour nous, ayant toujours trouvé le trichophyton à l'aide du microscope, dans les diverses périodes énoncées plus loin, nous n'hésitons pas à affirmer et à prouver que la présence de ce cryptogame est la seule cause de toutes ces affections, et qu'au lieu de le rapporter à un principe supposé, comme on l'a fait et comme on le fait encore, nous le rapportons à une cause locale et toute matérielle. Notre traitement antiparasitique a toujours répondu a notre attente ; car nos moyens sont basés sur la connaissance anatomique du végétal, sur son siége, dans le milieu, en un mot, où il se trouve, par les phénomènes de développement qui lui sont propres, et aussi de l'action qu'il exerce sur l'homme ou l'animal qui le porte.

Enfin, pour mieux fixer l'idée des personnes qui liraient cette thèse avec une attention sérieuse, je dois dire que ces assertions ont été tirées en grande partie du travail de M. E. Bazin, sur la nature et le traitement des teignes ; je dois aussi beaucoup à l'ouvrage remarquable de M. Ch. Robin, sur l'histoire naturelle des végétaux parasites, et enfin au traité si précieux d'anatomie descriptive de M. Sappey.

Je dois surtout exprimer toute ma gratitude à M. le Dr E. Bazin, qui a bien voulu m'aider des lumières de sa vaste expérience.

PREMIÈRE PARTIE.

CHAPITRE I{ER}.

HISTOIRE NATURELLE DU TRICHOPHYTON.

ÉTYMOLOGIE.—*Trichophyton,* de θρίξ, cheveu, génitif, τριχος, et φυτον, plante.

HISTORIQUE. — Ce végétal a été découvert et décrit pour la première fois par M. Gruby en 1844 (1).

SYNONYMIE. — *Achorion Lebertii,* Ch. Robin; *rhizo-phyto-alopécie,* Gruby; *champignon des cheveux de l'herpes tonsurans,* de Al. Cazenave.

DÉFINITION.—Le trichophyton est un végétal de la tribu des hyphomycètes selon A. Richard, et des torulacées selon Léveillé, formé entièrement de spores rondes ou ovales, transparentes, incolores, à surface lisse; intérieure, homogène, d'un diamètre variant entre $0^{mm},003$ et $0^{mm},008$. Ces spores se trouvent dans l'intérieur de la racine des cheveux sous forme d'un amas arrondi; elles donnent naissance à des filaments ou myceliums articulés supportant des sporules enchaînés en chapelets monoliformes qui, en se développant, rampent dans l'épaisseur de la substance du cheveu et en suivent la

---

(1) Gruby, *Comptes rendus des séances de l'Académie des sciences de Paris,* t. XVIII, p. 583.

direction parallèlement à son axe longitudinal. A mesure que le cheveu croît, les cryptogames qu'il renferme poussent également jusqu'à ce que la partie envahie soit hors du follicule, et une fois qu'elle est arrivée à 2 ou 3 millimètres au-dessus du niveau de l'épiderme, le cheveu se brise. Le développement se fait rapidement, la quantité des spores augmente très-vite, et elles remplissent complétement le cylindre que le cheveu représente, de sorte que bientôt sa substance propre ne saurait plus être reconnue.

Les spores du trichophyton naissent par cloisonnement; à l'extrémité du tube ou filament qui constitue ce végétal, s'accumule un contenu granuleux mal circonscrit, quelquefois une simple tache, qui se sépare du reste du tube par une cloison transversale; ordinairement cette petite masse granuleuse se partage elle-même en deux de la même manière, et donne lieu, quand le filament est cloisonné, à deux spores étroitement juxtaposées. Quelquefois les filaments ou myceliums sont simples ou ramifiés, et alors ils représentent une seule cellule allongée, ils sont aussi presque toujours mollement entre-croisés.

Le trichophyton est constitué par les deux parties suivantes :
1° *Filaments*, espèce de petits tubes creux ;
2° *Spores* ou *sporules*, organes de reproduction.

1° *Filaments.* Les filaments en chapelets, auxquels donnent naissance les spores, ont des bords qui tendent à former une ligne ondulée, mais dans l'intérieur desquels on voit que les spores sont un peu écartées l'une de l'autre. Dans cette espèce, on observe rarement des spores assez allongées pour imiter des filaments cryptogamiques.

2° *Spores* ou *sporules.* Les spores sont rondes ou allongées, variant entre $0^{mm},003$ et $0^{mm},005$ de long sur $0^{mm},003$ et $0^{mm},004$ de large; il y en a même qui ont jusqu'à $0^{mm},007$ et $0^{mm},010$ de long.

Quelques-unes offrent même soit une tache distincte dans leur intérieur, soit un noyau mal circonscrit ; d'autres sont allongées avec un étranglement au milieu. On voit par place des lignes de spores étroitement juxtaposées.

CHAPITRE II.

STRUCTURE DE LA PEAU.

Il est inutile de nous étendre longuement sur la structure de la peau ; car, d'après notre manière d'envisager le trichophyton, la peau n'est affectée que secondairement, témoin les inflammations pustuleuses qui se développent dans la mentagre.

La peau se compose de deux couches superposées : d'une couche profonde, le derme ou chorion, cutis des auteurs anciens, et d'une couche superficielle, l'épiderme ou cuticule.

A chacune de ces couches se rattachent une partie essentielle et des parties accessoires.

Le *derme* nous offre, comme partie essentielle, un tissu fibreux élastique, et comme parties accessoires :

1° Les papilles et toutes les ramifications nerveuses qui viennent se perdre dans la peau ;

2° Des artères et des veines ;

3° Des vaisseaux lymphatiques ;

4° Deux ordres de glandes : les glandes sudorifères et les glandes sébacées ;

5° Les organes producteurs des poils ou bulbes pileux.

Le derme est constitué par du tissu fibreux et du tissu cellulaire, dont les fibres sont entrelacées de manière à former un réseau, entre les mailles duquel passent les vaisseaux et les nerfs. Ces fibres sont droites ou ondulées ; examinées au microscope, elles présentent l'élément fibreux avec ou sans noyaux.

Les papilles ou petites saillies situées à la surface externe de la couche dermique sont constituées par la terminaison des filets nerveux que reçoit la peau, et revêtent différentes formes ; aux mains, aux pieds et à la langue, elles sont coniques ; sous les ongles, elles sont cylindriques ; enfin elles sont mamelonnées sur le tronc et aux membres.

Les vaisseaux sanguins rampent sous la peau, pénètrent par les aréoles du derme et se distribuent dans l'épaisseur de cette membrane, mais surtout dans la couche papillaire qui en hérisse la surface.

Les lymphatiques forment deux couches : l'une superficielle, l'autre profonde ; l'épiderme en est entièrement dépourvu.

Les glandes sudorifères sont très-déliées, et comme suspendues à la partie profonde du derme par leur conduit excréteur, qui vient s'ouvrir à la surface de l'épiderme en se contournant en spirale.

Les glandes sébacées et les glandes annexes des poils sont des corps grisâtres regardés pendant longtemps comme de simples dépressions, en forme d'utricule ; mais l'anatomie pathologique a démontré la structure composée de ces glandes, dont chacune présente, en réalité, la texture du lobule isolé d'une glande en grappe.

Les organes producteurs des poils ou bulbes pileux (voir chapitre 3).

La couche épidermique ou superficielle. Elle est formée de deux lames superposées : la plus profonde, qui est en rapport avec la surface extérieure du derme, n'est autre chose que le corps muqueux, lame molle, humide, dans laquelle réside le pigment, et qui s'applique exactement sur la surface papillaire ; la lame superficielle est dure et sèche, et recouvre sans interruption la lame profonde.

On sait aujourd'hui que l'épiderme est dénué de vaisseaux et de nerfs. Le microscope démontre qu'il est formé de cellules déformées, losangiques ou quadrangulaires, mais sans noyau dans les parties superficielles, où elles sont éliminées par un mécanisme très-simple d'exfoliation et cessent de faire partie de l'épiderme.

Les ongles sont aussi, rarement, il est vrai, atteints de trichophyton; mais ce fait a été jusqu'à présent si peu remarqué et signalé, que nous sommes obligé d'en dire quelques mots.

Les ongles sont des produits de nature épidermique, dont la conformation, la couleur et le développement offrent de très-grandes variétés dans le règne animal, mais qui affectent dans l'homme la forme d'écailles blanches, élastiques, transparentes, et comparables, par leur aspect ainsi que par l'ensemble de leurs propriétés, à des lames de corne.

Ils présentent trois parties bien distinctes : une racine, un corps, et une extrémité libre.

La racine est enchâssée dans le derme; elle est mince, molle, inégalement terminée à sa partie supérieure, et de même hauteur que le repli cutané qui la recouvre.

Le corps de l'ongle, trois ou quatre fois plus long que sa racine, s'étend depuis le repli cutané qui voile cette racine jusqu'au sillon creusé entre sa partie libre et la pulpe du doigt. Il y a sur la face dorsale des ongles des stries transversales qui se succèdent régulièrement d'arrière en avant.

La partie libre de l'ongle est séparée de la pulpe des doigts par un sillon demi-circulaire; aux deux extrémités de ce sillon on voit le repli cutané qui recouvre la racine se continuer insensiblement avec le derme sous-unguéal en passant sur les côtés de l'ongle. D'après M. Sappey, les ongles sont formés de deux lames : l'une superficielle, offrant la densité et l'aspect de la corne, et l'autre profonde, molle et membraneuse. La première répond à la lame externe de l'épiderme; la seconde, au corps muqueux, dont elle offre tous les caractères.

Ces deux lames, inséparables par aucun moyen mécanique sur toute autre région du corps, se séparent ici avec la plus grande facilité.

L'avulsion violente de l'ongle laisse presque intact le corps muqueux correspondant. La macération dans l'eau simple et dans l'eau acidulée détache ce corps muqueux, mais avec lenteur et toujours plus tardivement que l'ongle.

CHAPITRE III.

STRUCTURE DU CHEVEU.

Les poils prennent différents noms et revêtent un aspect différent suivant les diverses parties du corps où ils se trouvent. On reconnaît deux sortes de poils, le poil entier ou parfait, et le duvet ou poil follet ou rudimentaire ; ce dernier n'est autre chose que le poil ordinaire à sa première période d'évolution. Le duvet est surtout abondant chez l'enfant, très-rare chez le vieillard. On rencontre quelquefois dans la même région du duvet et des poils parfaits ; enfin, chez l'homme, on trouve des poils là où il existe seulement du duvet chez la femme et chez l'enfant. Ce que les poils parvenus à leur entier développement gagnent de ce côté, les seconds le gagnent du côté du nombre. Il y a dans la formation des poils deux parties bien distinctes, l'une qui produit, c'est le follicule pileux ; l'autre qui est produite, c'est le poil lui-même.

Le follicule pileux est logé dans l'épaisseur de la peau, qu'il traverse obliquement ou perpendiculairement à sa surface. Sa forme est celle d'une cavité ovoïde dont la petite extrémité répond à l'épiderme, et la plus volumineuse au derme ou aux cellules adipeuses sous-dermiques. Ces deux extrémités offrent une configuration bien différente : la première est perforée pour livrer passage au poil ; la seconde présente un renflement sur lequel le poil prend naissance. Il existe deux espèces bien distinctes de follicules pileux : les follicules à forme arrondie pour les poils de duvet, et les follicules à forme tubuleuse pour les poils parfaits. Les premiers ne possèdent point d'appareil secréteur ; le liquide déposé dans leur cavité est exhalé par leurs parois. Les seconds, au contraire, sont munis de deux petites glandes, appelées glandes pilifères, qui viennent s'ouvrir près de leur extrémité superficielle, et qui déposent dans leur cavité le produit de leur sécrétion. L'extrémité superficielle ou l'embouchure des follicules pileux se continue avec le derme et l'épiderme, dont ces follicules ont été considérés avec raison comme une partie déprimée. Elle est plus ou moins allongée et immédiatement appliquée sur la surface du poil, à laquelle elle adhère faiblement; il résulte de cette adhérence que le poil, en franchissant l'embouchure du follicule, emporte avec lui quelques écailles épidermiques qui restent sur sa tige, et lui donnent un aspect plus ou moins noueux lorsqu'on le voit au microscope.

Les saillies qui existent si souvent au point d'émergence des poils ne deviennent plus sensibles sous l'impression du froid que parce que le derme, en se contractant, s'applique et se moule plus exactement sur le contour des glandes annexées aux follicules.

L'extrémité profonde ou le fond des follicules pileux est surmontée d'un renflement de forme conique ou hémisphérique qui fait saillie dans leurs cavités. Ce renflement supporte la base du poil avec laquelle il semble se confondre; on l'a appelé pulpe et bulbe pileux. Quel qu'il soit, il est toujours le point de départ du poil qui y adhère d'une manière intime ; de là les douleurs vives qui accompagnent le tiraillement ou l'avulsion des poils ; de là la chute de ceux-ci, lorsqu'une inflammation aiguë ou chronique se propage dans l'épaisseur de la peau jusqu'au siége de leur implantation. Ce phénomène se passe dans notre quatrième période, ou période fongueuse, où les poils de la mentagre s'arrachent avec une facilité étonnante.

Les follicules pileux sont composés de deux tuniques : l'une interne, de nature épidermique; l'autre externe, de nature fibreuse, et c'est cette dernière qui reçoit les vaisseaux et les nerfs.

Le poil est divisé en deux parties, sa racine et sa tige. La racine est entièrement contenue dans le follicule; mais, à sa partie inférieure, elle s'élargit pour prendre des dimensions égales à celles du renflement sur lequel elle repose; car le renflement du follicule et celui de la racine du cheveu s'unissent de la manière la plus intime.

La tige du poil est libre dans toute son étendue, excepté à sa réunion avec la racine , où, dans l'étendue de quelques millimètres, elle se trouve sous-épidermique et même intra-dermique. Examinée au microscope, elle se compose de deux parties bien distinctes ou couches superposées et emboîtées l'une dans l'autre : l'une externe, moins colorée et fibreuse ; l'autre interne, plus sombre et d'aspect grenu. La première constitue la substance corticale du poil, la seconde est considérée comme la substance médullaire.

La substance corticale, vue au microscope, se présente sous l'aspect de fibres longitudinales. Au niveau de la tête du poil, ces fibres sont encore rudimentaires ; ce sont de simples noyaux de cellules plus ou moins allongés. Un peu plus haut, ces noyaux s'allongent davantage, et forment des filaments qui marchent en ligne droite ou en décrivant de légères flexuosités ; ceux-ci, se rapprochant de plus en plus, finissent par s'ajouter les uns aux autres ; de leur réunion, résultent les fibres transversales ou oblongues, souvent très-rapprochées et anastomosées, et constituant les fibres de la substance corticale.

Ce sont sans doute ces stries transverses qui, par leurs divisions et anastomoses, constituent ce que les anatomistes ont appelé les fibres en spirale ; ce sont elles qui, par leur disposition, ont fait croire que le poil était formé d'une série de cônes emboîtés.

La substance médullaire, ou moelle, occupe la partie centrale de la tige. Son diamètre représente quelquefois le tiers de l'épaisseur totale du poil, et d'autres fois le quart, le cinquième ou le sixième seulement. Son aspect est grenu, et elle paraît être formée de graisse et de pigmentum, où, d'après les analyses chimiques, il existerait des traces d'oxyde de fer ; ces matières sont disposées sous forme de cellules irrégulièrement entassées dans le canal qui forme la substance corticale. Pour quelques anatomistes, les poils seraient perforés à leur pointe ; il y aurait là une ouverture par laquelle pourraient s'échapper les globules du pigment. Les faits rapportés de cheveux qui changent de couleur viendraient à l'appui de cette opinion. Enfin c'est de la moelle seule que dépend la couleur du poil, et c'est par suite de sa décoloration que les cheveux blanchissent.

CHAPITRE IV.

Dans cette période, comme dans celles qui vont suivre, l'affection se présente toujours sous forme de taches rouges, d'anneaux ou de cercles plus ou moins complets ; elle est caractérisée par des vésicules extrêmement petites, disposées de manière à former des cercles, dont le centre est quelquefois intact, et dont les bords, d'un rouge plus ou moins vif, font saillie au-dessus du niveau de la peau et sont ordinairement recouverts de ces petites vésicules.

Cette éruption, annoncée par une rougeur plus ou moins vive à l'endroit qu'elle doit occuper, annonce la germination du végétal parasite. C'est alors l'herpès circiné érythémateux, mais qui passe très-vite à l'état de vésicules avec des couleurs plus ou moins vives (herpès iris) ; au point que les malades comparent ces éruptions à de petites cocardes.

Le fluide contenu dans ces petites vésicules se trouble bientôt ; les vésicules s'ouvrent ; il se forme de petites squames presque toujours fort minces, qui ne tardent pas à se détacher, et le plus ordinairement, si le champignon est situé sur la peau dépourvue de poils, l'éruption a parcouru toutes ses périodes en huit, dix ou quinze jours, il ne reste qu'une rougeur plus ou moins vive, qui disparaît lentement. Là le trichophyton meurt, ne trouvant pas de poils en suffisante quantité pour se nourrir, et les malades sont guéris sans même aucun traitement.

Il n'en est pas de même s'il est situé sur la tête ou sur une partie munie de poils ; les plaques sont circulaires ou irrégulières, elles sont ou isolées ou fondues deux ou trois ensemble, et représentent souvent des figures géométriques, la feuille de trèfle assez généralement ; dans un espace toutefois plus grand, quelquefois il n'en existe qu'une seule. Dans certains endroits pris également sur le cuir chevelu, la rougeur est légère et diffuse ; bientôt les vésicules se sèchent et sont remplacées par une desquamation grisâtre ou blanchâtre, uniquement composée d'épithélium et de champignon, laquelle est souvent prise pour du pityriasis simplex. Dans cette première période, les poils ou cheveux compris dans l'aire des cercles éprouvent peu de modifications dans leurs caractères physiques, et il est rare que le médecin soit appelé à ce début de l'affection ; alors arrive la seconde période ou période pityriasique.

Nous ne citerons pour chaque période que quelques observations choisies parmi le grand nombre de toutes celles que nous possédons, elles suffiront pour indiquer la différence si tranchée qui existe entre nos quatre divisions.

OBSERVATION Ire.

Herpès circinatus simplex, situé à la partie postérieure et inférieure du cou, et n'ayant encore que peu d'étendue.

Marguerite B..., âgée de 23 ans, demeurant chez moi, depuis trois ans, comme cuisinière.

Cette fille n'a pas d'antécédents de famille qu'on puisse rapporter à la scrofule ; cependant son père était souvent malade de la poitrine et est mort l'année dernière du choléra. Sa mère, bien portante, vit encore ; son frère et sa sœur sont bien portants, quoiqu'ils aient l'un et l'autre un tempérament lymphatique ; en outre sa sœur est affectée d'un goître ; elle dit s'être toujours assez bien portée, sauf des accès de migraine tous les mois, qui durent tout le temps des menstrues ; cependant elle se rappelle avoir eu, étant encore enfant, des glandes dans le voisinage des oreilles, et beaucoup de gourmes ; mais, aujourd'hui 25 mars 1856, on ne voit aucune trace de scrofulides.

Il y a quinze jours, me dit-elle, qu'est apparue une petite dartre derrière le cou, qui me produit de vives démangeaisons. Cette fille cachait sa dartre avec son châle, et n'en parlait pas ; mais ma femme, qui s'en est aperçue la première, a voulu savoir ce que c'était.

Il ne m'a pas été difficile de reconnaître là un herpès circiné, d'autant mieux que, dans ce moment, j'allais tous les jours à l'hôpital Saint-Louis étudier ces sortes de maladies. Cette plaque d'herpès avait 5 centimètres dans tous ses diamètres, le centre avait une coloration normale, la peau était un peu chagrinée et recouverte de squames épidermiques très-minces ; mais la circonférence, d'un rouge assez vif, était recouverte de très-petites vésicules ; l'érythème s'étendait un peu au delà des vésicules et aurait bientôt gagné le cuir chevelu.

Je n'ai pas examiné au microscope si cette plaque présentait réellement les spores du trichophyton ; car, le jour même, la bonne d'enfants, jeune fille de 16 ans, qui couchait dans la même chambre, fut soigneusement examinée, et je découvris sur le milieu de la joue droite un petit bouton, gros comme une tête d'épingle, qui s'est étendu, en quelques jours, du centre à la circonférence. Cette petite plaque, que j'ai laissée trois jours sans traitement, se développait avec une incroyable rapidité ; elle était déjà de la grandeur d'une pièce de 1 franc. Mais je dois ajouter que cette fille a le tempérament lymphatique au plus haut degré, que son père est actuellement en traitement pour un bubon strumeux, que sa mère a aussi les attributs d'un tempérament lymphatique. Il n'est donc pas étonnant de voir marcher l'herpès circiné de Henriette M... (c'est le nom qu'elle porte) avec autant de rapidité ; car nous savons que le trichophyton se plaît sur ces sortes de terrains.

C'est surtout sur les jeunes personnes à peau fine, blanche, à teint rosé, dit M. Cazenave, que se développe l'herpès circiné ; mais il ne parle pas du principe de la contagion ; il sait bien que l'herpès circiné est contagieux : quant à la cause, il n'en dit rien. J'ai interrogé, sur cette cause même, les Drs Devergie, Gibert, Hardy, dont je suivais le service, et ces messieurs m'ont toujours répondu d'une manière vague et indécise. C'est M. Bazin, le premier, qui m'a montré le trichophyton, comme cause de la contagion de l'herpès circinatus des auteurs, et comme produisant des maladies différentes, suivant qu'il est sur telle ou telle partie du corps.

Ayant découvert un herpès circiné sur l'autre domestique, je n'avais plus besoin du microscope. Je ne doutais pas un instant que ce ne fût le trichophyton, et les lotions antiparasitiques de bichlorure d'hydrargire eurent, en huit jours de temps, débarrassé ces filles de leur champignon.

Comment avaient-elles gagné le trichophyton ? La bonne d'enfants l'a évidemment gagné de la cuisinière, étant presque toujours avec elle, couchant dans la même chambre, mettant même quelquefois les effets l'une de l'autre ; tout porte à croire que la jeune Henriette l'a gagné ainsi.

Quant à la cuisinière, il est probable que le matin, en battant mes habits, une ou plusieurs sporules de trichophyton que j'aurais apportées de l'hôpital, en voltigeant avec la poussière des vêtements, lui sera descendue dans le cou et aura germé. Cette fille, qui a une très-bonne conduite, ne sortait jamais que pour les affaires de la maison, ne se faisait jamais coiffer, ne fréquentait personne qui pût éveiller l'attention, soit au point de vue de relations intimes, soit à celui d'affections plus ou moins contagieuses.

OBSERVATION II.

Herpès circiné; plaques herpétiques ayant envahi une grande partie du corps.

Mme M..., 40 ans, modiste, rue de Douai, 15.

Hérédité. Née de parents bien portants; le père est mort à 76 ans, la mère est morte du charbon. Elle a quatre frères et trois sœurs, tous assez bien portants.

Antécédents du sujet. Cette malade est d'une petite taille, d'un tempérament lymphatico-sanguin; elle est réglée depuis l'âge de 12 ans, très-abondamment. A 17 ans, elle a eu une forte fièvre typhoïde qui, après une longue convalescence, l'a laissée très-longtemps faible. Elle est devenue mère onze fois, et ses couches n'ont jamais été suivies d'accidents. Il y a un an que, pour la première fois, elle a vu apparaître une petite rougeur, de la grandeur d'une pièce de 50 centimes, sur la partie latérale droite du cou; cette petite plaque a disparu seule, mais quelque temps après il lui en est venu cinq ou six semblables sur la même région, ainsi qu'aux poignets des deux avant-bras, siége dont M. Bazin nous a souvent fait remarquer la coïncidence : car, dit ce docteur, les malades porteurs de champignons se grattent avec les mains, quelquefois avec le dos des mains ou des poignets, et portent ainsi la maladie dans différentes parties du corps, mais surtout aux parties génitales chez l'homme, à la figure et aux régions cervicales chez la femme.

État actuel. Cette dame se présente à la consultation de M. Bazin, à l'hôpital Saint-Louis, le 28 mars 1856. Ce cas étant un type d'herpès circinatus envahissant tout le corps, et étant évidemment contagieux, puisque deux ou trois de ses enfants en sont affectés, M. Bazin me prie d'en prendre l'observation. Toute la région antérieure et latérale du cou, le haut de la poitrine, une partie de l'épaule droite, et jusqu'aux branches et bords inférieurs du maxillaire inférieur, toutes ces parties étaient envahies par cinq ou six plaques d'herpès qui se réunirent et n'en formèrent plus qu'une seule; mais, comme toujours, les cercles externes tranchent bien sur la peau saine; ces cercles avaient leurs bords rouges proéminents et légèrement vésiculeux; leur centre était déprimé, avait une teinte jaunâtre et était le siége de vives démangeaisons; celle du poignet droit avait 12 centimètres de long sur 10 de large; celle du poignet gauche, comme étant la plus ancienne, n'avait plus la forme herpétique, elle était déjà passée à la deuxième période ou période pityriasique ; elle avait l'aspect de papules excoriées et presque déjà indurées, et était couverte de squamules épidermiques que l'on détachait assez facilement (cette dernière plaque est ce que les auteurs appellent *lichen circumscriptus*).

Indépendamment de cet herpès, Mme M... portait sur le dos, aux épaules et aux membres, dans le sens de l'extension, des papules de *prurigo formicans* ; cette complication n'est pas étonnante, car chaque fois que la peau est le siége de quelque irritation, il survient du prurigo (Hardy). Or, depuis un an que cette malade porte son champignon, le prurigo a bien pu passer de la forme la moins grave (*prurigo mitis*) à la forme la plus grave (*prurigo formicans*).

Traitement. Bains amidonnés et lotions de sublimé.

Le 15 avril, la malade était presque guérie ; mais, pour plus de certitude, nous lui fîmes continuer le traitement une quinzaine de jours. Nous l'avons revue depuis ; elle est entièrement guérie.

Réflexions. Ces trois observations prouvent bien, par leur cure rapide, que le champignon n'avait pas son siége sur des régions garnies de poils ; car, sans cela, il nous eût été impossible de guérir sans épilations, les lotions ne pouvant pénétrer dans l'intérieur du follicule pileux pour détruire le trichophyton, qui s'y introduit pour aller manger le poil, dont il est avide. Dans les observations suivantes, nous verrons uniquement des régions garnies de poils, et nous constaterons aussi les transformation successives et invariables qui s'opèrent à chaque période.

CHAPITRE V.

DEUXIÈME PÉRIODE OU PÉRIODE PITYRIASIQUE

(appelée encore par les auteurs pityriasis simplex, dartre furfuracée volante, lichen circonscrit, érythème centrifuge, etc.).

Dans la seconde période, nous ne trouvons plus le champignon que sur les parties affectées de poils : en effet, nous avons vu qu'il passait rarement à la seconde période quand il était situé sur la peau dépourvue de poils; dans ce cas, au contraire, il meurt.

Ici le champignon apparaît dans tout son éclat sur les poils, sous la forme de petites gaînes blanches, amiantacées, éclatantes, d'un blanc sale, gris, demi-transparent (Bazin).

Dans les cheveux la rougeur circulaire des plaques s'efface de jour en jour, en même temps que les poils engaînés, enserrés à leur base par le végétal parasite, se brisent à quelques millimètres du niveau tégumentaire : de là résulte la formation des tonsures, qui, avec le temps, se réunissent et forment sur le cuir chevelu de larges surfaces anfractueuses dénudées, sur lesquelles on peut encore voir çà et là flotter des cheveux rares et isolés, ou quelques touffes assez maigres de cheveux plus ou moins altérés et couverts de parcelles épidermiques et de particule dermophytique. La surface des tonsures paraît généralement soulevée, saillante par l'érection et la turgescence des follicules pileux, qui lui donne l'aspect d'une peau de chagrin. Sur cette partie, la couleur tégumentaire est aussi le plus souvent modifiée et tranche sur la peau environnante ; elle est ardoisée, bleuâtre, grise ou jaunâtre. Ces diverses couleurs sont subordonnées à la couleur des cheveux. Sur le pourtour des plaques, on trouve aussi assez souvent les cheveux altérés dans leur couleur, décolorés, grisâtres ou rougeâtres, couleur de feu. M. Bazin a vu cette altération dans la couleur des cheveux s'étendre à quelques centimètres au delà de la tonsure.

Dans les parties garnies de poils, l'érythème précurseur existe encore sous forme de cercles plus ou moins réguliers, complets ou incomplets. Sur la face et au cou, ce sont assez souvent des arcs de cercles réunis par les extrémités. Les gaînes dermophytiques des poils s'aperçoivent à l'œil nu et mieux encore à l'aide de la loupe. Ce caractère et les traces annulaires de l'herpès circonscrit suffisent amplement pour distinguer le pityriasis simplex ou furfuracé du pityriasis dermophytique.

OBSERVATION Ire.

Teigne tonsurante de la face, du cou et de la région sternale, où les plaques sont encore accompagnées d'anneaux herpétiques.

(Recueillie par M. Deffis, au dispensaire de l'hôpital Saint-Louis.)

Le 3 février 1854, a été admis au traitement externe le nommé B..., âgé de 30 ans, charpentier. Il est malade depuis trois mois, et n'a fait aucun traitement, si ce n'est qu'il a pris six bains de vapeurs, qui lui avaient été prescrits un mardi à la consultation de l'hôpital Saint-Louis. B... est persuadé que cette maladie lui a été communiquée par le rasoir dont se servait le barbier qui lui faisait la barbe. Les parties affectées sont recouvertes d'une desquamation furfuracée, blanche ; la plupart des poils de la barbe sont rompus à 1 ou 2 millimètres au-dessus du niveau de la peau, et entourés d'une gaîne blanche, ce qui donne aux parties malades un aspect rugueux, chagriné. On traite ce malade par l'épilation, suivie de l'application d'une solution de sublimé. Aujourd'hui, 14 mai, ce malade est entièrement débarrassé de son champignon.

OBSERVATION II.

Teigne tonsurante de la face et du cou, entourée de cercles herpétiques.

(Recueillie au dispensaire, par M. Deffis.)

Le 17 février 1854, a été admis au traitement externe le nommé J... (Nicolas), vigneron, âgé de 44 ans, demeurant à Colombes, près Paris. L'affection dont il est atteint depuis deux mois a débuté sur la joue gauche par un petit bouton, gros comme une tête d'épingle, qui s'est étendu tous les jours du centre à la circonférence. Ce bouton était le siége de la démangeaison, surtout quand J... s'échauffait par l'action du travail. Quelque temps après, la joue droite a été atteinte de la même façon. Toute la joue gauche, le dessous de la mâchoire et la partie supérieure du cou, sont recouverts d'une desquamation furfuracée, blanche, adhérente à la peau, se détachant difficilement; les poils de la barbe ne paraissent pas rompus. Toute la partie malade est entourée d'un large cercle herpétique, qui part en avant de la partie supérieure de la joue, passe sur le bord externe de la pommette à la commissure des lèvres, traverse le menton, le dessous du menton jusqu'à l'os hyoïde; de là il remonte sur le cou jusqu'à la naissance de l'oreille. A la joue droite, toute la partie recouverte de squames furfuracées est également entourée d'un cercle herpétique large comme une pièce de 5 francs. Un autre cercle de même nature, mais plus petit, existe encore sur la partie latérale du cou, au-dessous de la barbe.

Ce malade a été épilé cinq fois, et aujourd'hui, 21 juin, il est complétement guéri; il a fait les lotions de sublimé tous les jours pendant son traitement.

OBSERVATION III.

Teigne tonsurante du cuir chevelu.

(Hôpital Saint-Louis, service de M. Bazin, salle Saint-Prosper, n° 38.)

C... (Jean-Athanase), âgé de 9 ans. Cet enfant a eu des pustules d'impétigo, un mois après sa naissance elles se sont guéries cinq ou six mois après sans aucun traitement. A l'âge de 7 ans, une nouvelle éruption de gourmes plus intense et plus considérable que la première fois a envahi le cuir chevelu; mais cependant un an après, le jeune C... en était débarrassé.

Dans le même temps, la petite fille d'une voisine, qui sortait de l'hôpital des Enfants pour une maladie d'intestins, fut reconnue affectée d'une maladie du cuir chevelu; on la conduisit à l'hôpital Sainte-Eugénie, où elle fut reçue. Quelques jours après, la mère de notre petit malade remarqua, sur une partie de la tête, un petit bouton et quelques plaques circulaires; les cheveux qui la recouvraient étaient cassés. Cette brave femme conduisit son enfant à l'hôpital de la Pitié, où il reçut pendant trois mois les soins de M. le Dr Gendrin, après avoir déjà été traité, sans aucun succès, par Valleix. M. Gendrin ayant jugé cette affection assez curieuse pour envoyer le malade à M. Bazin, l'enfant reçut son exeat, et fut dirigé vers Saint-Louis.

État actuel. Ce petit garçon a les cheveux châtains, les yeux gris, le tempérament très-lymphatique, assez bien constitué du reste. Il a les cheveux coupés très-courts ; toute la tête est couverte, dans une grande partie de sa surface, de squames offrant une disposition imbriquée ; elles sont de plus très-adhérentes, et par conséquent se détachent assez difficilement avec la pince. Dans certains points, surtout à la partie supérieure de la tête et dans tout le pariétal gauche, les plaques apparaissent boursouflées, jaunâtres, humides ; la forme circulaire en est encore assez prononcée. Dans ces endroits, les cheveux s'arrachent plus facilement que dans les autres parties ; cela nous prouve qu'une partie de la tête est encore dans la seconde période ou période pityriasique, et que l'autre est déjà passée à la troisième période ou période pustuleuse.

Traitement. L'épilation est terminée le 28 novembre 1855, et les lotions de sublimé sont commencées. Les endroits ci-dessus dénommés ont l'aspect d'une peau de chagrin. La couleur tégumentaire est ardoisée, bleuâtre, et les cheveux, examinés au microscope, contiennent intérieurement et extérieurement des spores de trichophyton.

Ce petit malade a été épilé quatre fois, et aujourd'hui, 18 avril, il est complétement guéri.

CHAPITRE VI.

TROISIÈME PÉRIODE OU PÉRIODE PAPULO - PUSTULEUSE.

A la troisième période de la teigne tonsurante, apparaît une autre série de phénomènes qui ne ressemblent en rien à ceux que nous venons de considérer.

Sur le cuir chevelu, les tonsures deviennent pustuleuses et se couvrent de croûtes. Les cheveux brisés repoussent incomplétement ; ils se font jour à travers ces croûtes. La physionomie de l'herpès tonsurant est tellement changée, qu'on le confond alors journellement avec la scrofulide impétigineuse ou avec le favus. Sur la face et sur le cou, c'est une succession d'éruptions boutonneuses où l'on remarque une infinie variété, depuis la papule la plus simple jusqu'à cette induration en plaques circulaires formées par l'agglomération des aréoles dermiques enflammées, variables en étendue, depuis le diamètre d'une pièce de 20 centimes jusqu'à celui d'une pièce de 5 francs, et l'éruption passe successivement par tous les degrés. Les poils qui, dans la seconde période, s'étaient brisés spontanément ou par suite de la plus légère pression extérieure, repoussent grêles, flétris et jaunâtres, au milieu des croûtes purulentes ; beaucoup d'entre eux sont déracinés et tombent. Il ne faut pas confondre cette alopécie avec la production des tonsures, qui a lieu dans la seconde période de la maladie ; dans les tonsures, le poil est brisé, mais non déraciné.

La tension des parties malades, accompagnée d'une chaleur brûlante, des élancements douloureux, remplacent le prurit de l'état pityriasique. Sur le dos des mains, sur la partie inférieure et dorsale des avant-bras, la teigne tonsurante subit les mêmes évolutions qu'à la face, cercles herpétiques, pityriasiques, puis éruption papulo-pustuleuse. Elle se comporte de la même manière sur le périnée, le scrotum, la région anale, les fesses, la partie interne et supérieure des cuisses, etc. Le plus souvent, cette teigne tonsurante du dos des mains et des parties sexuelles suit celle de la face et coexiste avec elle ; elle est le résultat de l'habitude qu'ont les malades de se frotter le menton ou les joues pour calmer les démangeaisons qui les tourmentent. Ils s'inoculent ainsi le trichophyton sur ces parties.

OBSERVATION Ire.

Teigne tonsurante du menton ; éruption pustulo-mentagreuse de la lèvre supérieure et inférieure.

Le nommé P..., âgé de 45 ans, travaillant à l'hôpital Saint-Louis, se présente à la consultation de M. Bazin, le 26 octobre 1853.

L'affection qu'il porte à la figure a débuté il y a six semaines. Ce malade l'attribue à ce qu'il aurait été soumis aux exhalaisons d'une odeur fétide, en creusant une fosse d'aisances.

Un petit groupe de pustules s'est d'abord montré sur la lèvre supérieure, au-dessus de la sous-cloison du nez. D'autres poussées pustuleuses n'ont pas tardé à apparaître sur les parties latérales, puis sur la lèvre inférieure. Çà et là, sur le menton, se rencontrent un assez grand nombre de boutons pustuleux et furonculaires ; puis, dispersées dans la barbe, sur le menton et sous la mâchoire, de petites plaques furfuracées, blanchâtres, variables en étendue d'une pièce de 50 centimes à celle de 1 franc.

Les poils, sur ces plaques, sont rompus et entourés d'une petite gaîne blanche, farineuse, pareille à celle qu'y produirait, par une journée d'hiver, le contact d'une atmosphère congelée ; il n'y a pas ou presque pas de démangeaisons.

P... a été traité par l'épilation plusieurs fois répétée, et suivie chaque fois de l'application d'une solution de sublimé.

Aujourd'hui, 12 février 1854, la barbe est très-fournie, noire, très-belle, d'une couleur franche ; enfin il est radicalement guéri.

OBSERVATION II.

Teigne tonsurante pustuleuse de la face.

(Observation recueillie par M. Lhonneur, interne de M. Bazin.)

P..., boulanger, âgé de 39 ans, entré à l'hôpital Saint-Louis le 28 avril 1854 ; d'un tempérament sanguin, fort, ordinairement bien portant, P... n'a eu d'autre affection cutanée qu'un érysipèle de la face, il y a dix ou douze ans.

Il est boulanger de son état; il a par conséquent la face fréquemment exposée à une vive chaleur, et à peu près toujours couverte de farine ; il ne paraît point faire abus de boisson ; il croit avoir gagné cette maladie pour s'être fait raser après un individu atteint de la même affection. C'est en effet cinq ou six jours après cette barbe qu'il vit apparaître sur la joue droite une plaque rouge, large comme une pièce de 5 francs, dont le centre, pâle, était le siége d'une desquamation légère farineuse, et où il éprouvait des démangeaisons assez vives. D'autres plaques, de dimensions variables, se sont formées peu à peu sur les limites de la première, et ont envahi successivement le menton et la joue gauche. P... prit des tisanes amères, se fit des applications de pommades; mais le mal ne disparut point.

Il y a huit à dix jours, il vit apparaître çà et là de petites vésicules rouges, violacées, reposant sur des indurations plus ou moins étendues, devenant assez rapidement purulentes au sommet.

L'éruption pustuleuse a envahi en même temps la moitié gauche de la lèvre supérieure.

État actuel. Toutes les parties de la face occupées par la barbe sont rouges, violacées, couvertes d'une desquamation abondante. Sur les limites de la rougeur, on voit encore des débris des cercles de l'herpès circiné , qui paraît avoir été le début du mal. La barbe est longue de 3 à 4 millimètres ; elle n'a pas été faite depuis quinze jours. Jusque-là P... avait continué de se faire raser tous les huit jours. Sous le menton, les poils sont évidemment altérés et se présentent comme enveloppés d'une gaîne gris blanchâtre, opaques; ils sont en outre très-cassants. Ces poils existent sur une plaque large de 2 centimètres environ. La joue droite est sensiblement épaissie ; une plaque indurée de 5 à 6 centimètres de diamètre en occupe la partie médiane; la peau qui la recouvre est violacée, adhérente. Cette plaque présente quelques pustules à sommet purulent. La joue gauche présente une induration analogue, mais large comme une pièce de 5 francs.

Sur le devant du menton, on observe une éruption assez confluente de pustules, petites, en partie suppurées , reposant sur un fond induré. La peau de cette région est partout sensiblement épaissie ; la lèvre supérieure, épaissie dans la partie affectée, présente les mêmes caractères. Le malade accuse à peine quelques démangeaisons passagères; les poils du reste paraissent tenir assez au bulbe; leur avulsion est douloureuse.

Traitement. Le 29 avril, on commence l'épilation, suivie de lotions de sublimé.

Le 7 mai, la rougeur des parties malades a diminué considérablement; il ne reste plus de pustules, mais les indurations persistent encore. Enfin, six semaines après, le malade était complétement guéri.

OBSERVATION III.

Teigne pustulo-impétigineuse de la face.

(Observation recueilie par M. Dublanc, externe de service de M. Bazin.)

V... (Jean), 24 ans, fondeur en cuivre, entré à l'hôpital Saint-Louis, salle Saint-Eugène, n° 101, le 25 février 1856.

Antécédents de la famille. Rien de bien notable.

Antécédents du sujet. Il a eu beaucoup de gourmes, la gale à 12 ans ; il se rappelle avoir eu une plaie au pied qui a suppuré beaucoup et longtemps.

État actuel. Cheveux et barbe châtain foncé, peau colorée, yeux bruns, taille haute et membres robustes, tempérament lymphatico-sanguin ; on ne remarque rien sur le corps ni dans les cheveux ; on voit plusieurs petites papules sur le front, disséminées çà et là ; aux joues, même où il n'existe pas de barbe, la peau est rouge, enflammée, hérissée d'élevures papuleuses, avec de petites pustules à base phlogosée, semées çà et là ; la barbe est altérée dans son aspect et dans sa structure ; les poils paraissent rares là où la peau est le plus rouge, ils sont tombés sans doute ; les croûtes, épaisses, jaunâtres, rugueuses, agglomèrent les poils et les agglutinent en forme de mèches ; une légère traction avec la pince les arrache facilement, car ils ne tiennent presque pas à la surface cutanée.

Ce malade a été traité, trois semaines, par M. Gibert, dans la salle Saint-Charles, sans aucune amélioration.

Traitement. On fait suivre l'épilation de lotions de sublimé, et, le 1er juin 1856, ce malade sort, non guéri, mais avec un billet d'admission pour le dispensaire, afin d'y continuer le traitement. Ce malade, ne s'étant pas rendu au traitement externe, est revenu quinze jours après avec une nouvelle éruption de pustules impétigineuses. Le même traitement est de nouveau remis en usage, et aujourd'hui (20 août) le malade est en bonne voie de guérison. M. Bazin ne lui signera son exeat que quand il sera certain qu'il est véritablement guéri.

CHAPITRE VII.

QUATRIÈME PÉRIODE OU PÉRIODE TUBERCULO - FONGUEUSE.

Dans cette période, l'affection est plus souvent située au menton ; à son début l'éruption est discrète ou confluente. Le plus souvent quelques pustules isolées se montrent, çà et là, dans les moustaches ou la barbe ; elles se crèvent, le pus s'en échappe, et pour quelque temps le mal paraît guéri ; il n'en est rien. L'éruption pustuleuse se rapproche et finit par se montrer en groupes, quoique attaquant isolément chaque poil, formant des engorgements tuberculeux plus ou moins étendus.

La poussée éruptive de la mentagre est précédée de cuisson et même de douleur et de tension dans la partie affectée, douleurs lancinantes tellement vives qu'il est impossible aux malades de dormir. La peau rougit et se tuméfie, puis les pustules apparaissent à l'insertion des poils ; elles sont petites, acuminées, blanchâtres ou légèrement jaunâtres. Au bout de quelques jours plusieurs pustules se crèvent ; quelques-unes peuvent être déchirées par les ongles. Sur d'autres, le pus ne s'échappe pas à l'extérieur ; il se concrète et se dessèche dans l'intérieur de la pustule elle-même. De petites croûtes jaunâtres, le plus souvent isolées, couvrent alors les saillies folliculaires. D'autres fois il se forme une croûte unique, très-adhérente, qui, avec le temps, devient brunâtre ou noirâtre. Parfois il arrive que l'état inflammatoire du follicule ne s'élève pas jusqu'à la suppuration. L'éruption est alors caractérisée par de petites saillies indurées, rougeâtres ou brunâtres à la base des poils, plutôt tuberculeuses que pustuleuses, et recouvertes de légères squames épidermiques. L'inflammation se propage aux diverses couches de la peau et gagne les aréoles adipeuses du derme. C'est alors qu'on voit survenir une énorme tuméfaction des parties atteintes et les saillies arrondies, variables du volume d'un gros pois à celui d'une grosse cerise, désignée sous le nom de *sycosis tuberculeux*. Ces lésions s'observent surtout sur les lèvres et au menton. Enfin quand la mentagre dure depuis longtemps, quand elle est passée à cet état d'inflammation phlegmoneuse, les bulbes des poils participent de cette inflammation, et les poils se détachent avec une très-grande facilité ; de plus il s'y joint un état fongueux des follicules qui saignent à la moindre pression, une altération profonde des poils qui deviennent jaunes, cendrés, blanchâtres, sont atrophiés et tombent d'eux-mêmes. En même temps, les parties malades exhalent une odeur fétide, qu'un malade, dit Alibert, comparait à celle des marécages. Cet état peut se prolonger pendant des mois et des années avec des alternatives d'amélioration et d'aggravation. Comme dans les autres espèces de teignes ; le trichophyton peut à sa suite amener une alopécie permanente, surtout dans notre quatrième période, où le follicule pileux est souvent détruit.

OBSERVATION Ire.

Teigne mentagrophytique de la face, ou pustulo-tuberculeuse guérie par une seule épilation.

B... (Étienne), journalier, âgé de 60 ans, né à Lys (Seine-et-Marne), entre à l'hôpital Saint-Louis le 21 avril 1854.

Cet homme est d'une assez bonne constitution, n'a jamais eu d'affection de peau, si ce n'est une variole, dont il porte encore les traces indélébiles. Il habite la campagne, et a fait de fréquents abus de liqueurs alcooliques.

B... entre à l'hôpital pour une affection pustulo-tuberculeuse de la face, datant de douze années environ. Au commencement, la lèvre supérieure seule était affectée ; mais, traité en vain par tous les médecins de son pays, puis par un médecin à l'hôtel-Dieu de Paris, il n'a jamais pu trouver la guérison. Si l'on en croit cet homme, tous ces traitements lui auraient coûté plus de 300 francs.

État actuel. Aujourd'hui, sous le menton, existe une éruption pustuleuse confluente, avec rougeur de la peau, épaississement et induration tuberculeuse du tissu cellulaire sous-cutané. L'éruption occupe également la partie latérale du menton, et les joues dans toutes les portions garnies de barbe. Ces parties sont le siége de vives cuissons.

Les pustules ne paraissent être entrées en suppuration que partiellement; le sommet est occupé par une croûte jaune brunâtre très-adhérente, traversée par un poil, tandis que la base présente une induration saillante, se continuant avec l'induration du tissu cellulaire sous-cutané. Les poils qui traversent les pustules tiennent peu; ils sont longs de 3 à 4 millimètres, et s'arrachent facilement avec les doigts. Dans plusieurs points, on remarque une absence complète de poils et un aspect cicatriciel.

Dans les parties non occupées par l'éruption pustuleuse, le devant du menton, par exemple, la peau est le siége d'une desquamation légèrement croûteuse.

Traitement. On pratique l'épilation, suivie de lotions de sublimé.

Quelques pustules apparaissent après l'épilation; ouvertes avec une épingle, ces pustules disparaissent du jour au lendemain.

Aujourd'hui, 7 mai 1854, les poils sont longs de 1 à 2 millimètres. Il n'existe ni pustules, ni desquamation. Quelques tubercules isolés existent encore; mais la peau a repris en grande partie sa coloration normale.

Le 15. Le malade sort entièrement guéri.

OBSERVATION II.

Teigne mentagrophytique de la face, ou pustulo-tuberculeuse.

Le nommé D... (Auguste), âgé de 25 ans, crayomètre en cuivre, demeurant à Paris. Ce malade fait remonter le mal dont il est atteint à six ans. A cette époque, quelques boutons isolés se montrèrent sur les lèvres, les parties latérales de la face et la région sous-maxillaire; ces boutons, précédés d'un léger prurit, suppurèrent, se transformèrent en petites croûtes, qui bientôt se détachèrent sans laisser de cicatrices. Au bout de quelques mois, une nouvelle éruption se manifesta sur la lèvre supérieure; les pustules étaient plus nombreuses, plus rapprochées, la douleur plus vive, et les accidents se prolongèrent plus longtemps. Ils cédèrent cependant un peu à l'usage des pommades, de tisanes amères et de purgatifs répétés.

Il y a deux ans, l'éruption pustuleuse gagna les favoris et la barbe; des pustules nombreuses apparurent sur les lèvres, le menton et la partie supérieure du cou. C'est à cette époque que le malade réclama les soins du Dr Selle. Des pommades de diverses natures, des purgatifs, les préparations sulfureuses, furent tour à tour et inutilement mis en usage.

L'éruption pustuleuse de la lèvre supérieure s'était accrue; le malade éprouvait, sur cette région, une tension douloureuse; il y avait de la rougeur et de la dureté, et, d'après les conseils du Dr Selle, le malade se décida à entrer à l'hôpital Saint-Louis; il resta vingt-deux jours dans le service de M. Hardy, qui le mit à l'usage de la limonade sulfurique, et lui fit faire des lotions avec une solution de sous-carbonate de soude. Sous l'influence de ce traitement, l'état du malade s'améliora quelque peu; mais, trois jours à peine après sa sortie, une poussée pustuleuse nouvelle, et plus forte que toutes celles qui avaient précédé, eut lieu; la douleur, la tension, la rougeur et l'induration cutanée accompagnèrent encore cette nouvelle poussée.

Le malade revit M. Selle, qui l'adressa à l'hôpital Saint-Louis, chez M. Bazin.

D... fut reçu au pavillon Saint-Mathieu, le 14 juillet 1852. Dès le lendemain commença l'épilation sur toutes les parties malades. Des lotions de sublimé furent faites immédiatement après l'avulsion des poils. A partir de ce moment, le malade alla de mieux en mieux, et, le 30 du même mois, il quitta l'hôpital parfaitement guéri de sa mentagre. Ce malade est revenu le 26 septembre suivant. Les poils étaient repoussés sur toutes les parties épilées; la guérison s'était maintenue. Cependant, quelques jours après sa sortie de l'hôpital, il avait vu renaître quelques pustules, mais il s'était hâté d'en arrêter les progrès, et de les guérir par l'extraction des poils simplement.

OBSERVATION III.

Teigne mentagrophytique tuberculo-fongueuse de la face et du menton.

F... (Jean-Louis), âgé de 45 ans, tourneur en cuivre, demeurant à Paris, entre à l'hôpital Saint-Louis, salle Saint-Laurent, n° 8, le 22 février 1856.

Antécédents. F... croit avoir gagné chez son barbier la maladie qui l'amène à Saint-Louis. «En novembre dernier, dit-il, parut sur les deux joues une dartre, et au bord de la mâchoire un clou qui persista un mois. L'affection s'étant étendue dans toute la barbe, et les démangeaisons étant très-vives, il suivit une foule de traitements, et entre autres celui de Raspail, qui irrita considérablement le mal, au point qu'aujourd'hui il a toute la face horriblement déformée, grossie d'une manière hideuse, ce qui, joint à la coloration rouge cuivrée, et à la matière purulente et sanguinolente qui s'écoule des pustules et des tubercules que présente sa maladie, ôte à la figure de ce malheureux toute expression humaine, et y donne une apparence de tristesse et de découragement qui lui fait désirer la mort.

Aux deux joues, on voit, entre tous ces énormes tubercules et les croûtes desséchées de matières purulentes, des sillons creusés dans le derme à moitié détruit. Le menton offre aussi la même altération qu'aux joues, et l'état fongueux y est encore plus prononcé. Le sourcil droit est le siége de la même altération, à un moindre degré, il est vrai ; mais les pustules sont sur le point de suppurer et d'amener l'état tuberculeux. Sur le poignet droit on remarque un cercle herpétique dont le plus grand diamètre a 0,06 centimètres, et le plus petit 5. Sur le gauche, deux cercles, dont l'un est près du double du précédent, et l'autre un peu plus petit.

Depuis vingt jours, ce malheureux n'a pas goûté un instant de sommeil : les élancements suivis de vives démangeaisons l'en ont empêché. Les douleurs s'irradient jusque dans la région cervicale et dans la tête.

Traitement. Du 24 au 26, on lui prescrit un bain simple et des cataplasmes de fécule de pommes de terre, afin de faire tomber les croûtes et de diminuer l'inflammation cutanée. — Le 26, on pratique l'épilation ; les poils s'eulèvent avec la plus grande facilité ; mais, à cause de l'excessive sensibilité du visage et le manque de précautions particulières qu'elle commandait de la part de l'épileur, le malade en a d'abord beaucoup souffert. Aussitôt que des soins plus grands ont été pris, l'épilation a pu s'achever. Dès que toute la surface malade a été débarrassée des poils, voici ce que l'on a constaté :

1° Une diminution considérable des douleurs ;

2° Repos complet la nuit suivante (il y avait vingt jours qu'il ne dormait pas) ;

3° La cuisson persiste encore un peu ;

4° Les surfaces, qui étaient couvertes de croûtes, sont formées par d'énormes bourgeons charnus laissant écouler de la lymphe, et saignant au moindre contact ;

5° Des pustules impétigineuses, répandues en grand nombre, seulement sur les parties rouges et non sur les tubercules ;

6° La rougeur cuivrée est bien moins prononcée ;

7° Les douleurs de la tête et de la région cervicale ont aussi presque disparu.

Le 28 février, la rougeur se dessine par plaques, dans l'intervalle desquelles la couleur de la peau est presque normale. Aux points rouges correspondent des masses indurées. Quelques clous ont paru çà et là ; mais l'inflammation a diminué d'une façon notable ; dans certains points, il ne reste plus que les tubercules.

Le 6 mars, on fait une seconde épilation.

Le 14, une troisième.

Enfin ce malade a été épilé six fois, et lotionné chaque fois avec le sublimé.

Aujourd'hui, 15 mai, il est sorti radicalement guéri.

CHAPITRE VIII.

Laissons parler M. Bazin. « Après avoir inutilement employé contre les teignes tous les remèdes internes (et l'observation qui se trouve dans les conclusions le prouve assez), tous les topiques imaginables, fatigué de mes insuccès, je me mis à étudier la nature de cette maladie. Il ne me fut pas difficile de me convaincre que le trichophyton était un végétal parasite. J'avoue avec franchise que jusque-là j'avais attaché peu d'importance à une opinion qui, pour moi, comme pour d'autres, n'était qu'une hypothèse plus ou moins excentrique. Mais, si la nature végétale de la teigne était aussi évidente que la lumière du jour et désormais à l'abri de toute contestation, d'où vient que les lotions de sublimé, les frictions avec la pommade ou carbonate de cuivre, n'amenaient aucun résultat ? J'en trouvai bientôt la raison. Le végétal n'existe pas seulement à la superficie de la peau, il pénètre dans le bulbe et dans le cheveu lui-même. »

Ce fut en janvier 1852 que M. le Dr Bazin fit l'application de sa nouvelle découverte. Ce traitement n'a jamais manqué quand les malades avaient intérêt à être guéris, et même à être guéris promptement. Ce traitement est exclusivement externe. Toutefois, il faut le dire, on a fréquemment à combattre par des remèdes internes les complications ordinaires des teignes, la scrofule, la syphilis, la chlorose et l'état dartreux. Il consiste :

1° Dans l'avulsion plus ou moins répétée des poils sur les parties malades.

2° Dans l'application des agents parasiticides en lotions, en onctions et en bains ;

L'avulsion des cheveux et des poils se fait à l'aide de pinces épilatoires convenables. Ils sont arrachés non-seulement sur toutes les surfaces rouges et antécédemment couvertes de croûtes, mais encore sur les parties environnantes, dans un rayon qui doit varier suivant leur degré d'adhérence.

Quand le cuir chevelu est sensible, et qu'en raison du nombre multiplié de points malades, il faut étendre l'épilation à toute la tête, on frictionne d'abord le cuir chevelu pendant quatre ou cinq jours* avec l'huile de cade, qui facilite la chute des croûtes en même temps qu'elle éteint la sensibilité cutanée ; on interrompt de temps à autre l'épilation, dès qu'une surface de 1 centimètre de diamètre est dégarnie de cheveux, pour la lotionner avec l'eau de sublimé.

Dans l'intervalle d'une épilation à l'autre, on fait sur les parties dégarnies et sur toute la tête une onction légère avec la pommade au turbith minéral.

Dans les affections récentes et peu étendues du cuir chevelu, il suffit souvent d'une seule épilation. Dans le plus grand nombre de cas on doit en pratiquer une seconde au bout de quinze jours ou trois semaines, de la même manière et avec les mêmes précautions que la première fois. Après les épilations on lotionne tous les deux ou trois jours la tête avec la solution de sublimé ; on fait, de plus, tous les soirs, une onction avec la pommade au turbith minéral.

Lorsque la teigne est occasionnée par le trichophyton, on a une certaine difficulté à arracher les cheveux ou les poils, parce qu'ils sont friables. On est obligé de répéter souvent l'épilation jusqu'à ce que toutes les racines des poils aient pu être extirpées, ce qui arrive après un certain nombre d'épilations. Avec des pinces à mors recourbés on gratte, on ratisse les surfaces malades, et l'on enlève ainsi toute la substance cryptogamique. On cesse l'épilation quand la couleur bleuâtre a disparu, quand les poils repoussés ont repris leurs caractères normaux, et quand le cuir chevelu n'offre plus de rougeur ni de desquamation.

Ce procédé simple, facile et rationnel, de guérir les maladies engendrées par le trichophyton, les guérit toutes, et de plus les cheveux ou les poils sont plus fournis et plus beaux qu'avant le traitement.

Pommade parasiticide.

Turbith minéral.................... 0,50 centigrammes.
Axonge récent..................... 30 grammes.

F. s. a.

Lotion parasiticide.

Sublimé corrosif.................. 0,50 centigrammes.
Eau distillée .... 500 grammes.

F. s. a.

Il y a bien encore quelques soins préliminaires qui abrégent de beaucoup le traitement; on doit :

1° Faire couper les cheveux ou les poils à 1 ou 2 centimètres de la peau ;

2° Débarrasser la partie malade des croûtes qui y adhèrent ;

3° Nettoyer cette dernière avec l'eau de savon, ou mieux, faire prendre un bain savonneux ;

4° Enfin faire suivre l'épilation des lotions et des pommades parasiticides.

⸺⸻⸺

SECONDE PARTIE.

CHAPITRE IER.

DU TRICHOPHYTON DÉVELOPPÉ DANS LES ONGLES.

La teigne des ongles, sans être bien commune, n'est pas non plus très-rare. Personne, avant M. Bazin, n'y avait pensé, et, par conséquent, n'avait eu l'idée de la guérir ; les ongles sont crispés et rugueux, se cassent facilement, présentent des sillons plus ou moins profonds, d'une couleur plus ou moins grisâtre, noirâtre ; c'était, dit ce médecin, chez les malades affectés de teigne tonsurante de la face ou du cuir chevelu, une cause incessante de reproduction du mal ; en se grattant, ils s'inoculaient de nouveau le germe de la maladie.

Nous avons vu à la structure de l'ongle que cet organe était formé de deux substances, une superficielle ou cornée, l'autre profonde ou molle et membraneuse. La première répond à la lame externe de l'épiderme, la seconde au corps muqueux. C'est entre ces deux substances que pénètre le champignon, et l'on ne peut l'en chasser qu'en limant, couche par couche, les ongles malades jusqu'au corps muqueux, lotionnant les parties avec l'eau chargée de bichlorure de mercure et la pommade au sous-deutosulfate de mercure.

OBSERVATION Ire.

Trichophyton des ongles ayant inoculé la mentagre.

D... (Pierre), **43** ans, cantonnier, demeurant à Presle (Seine-et-Oise). Cet homme est entré, le 2 mai 1856, dans le service de M. Bazin, salle Saint-Laurent, n° 25.

Antécédents de famille. Ses parents ont toujours joui d'une bonne santé.

Autécédents du sujet. Ce malade n'a jamais fait de maladies graves, il a fait un congé, et il était employé en qualité de barbier du régiment. Il y a 17 ans, en rasant un individu affecté de mentagre, il s'est coupé la seconde phalange de l'annulaire droit; il paraît que son doigt a touché plusieurs fois le pus et le sang qui s'écoulait de la figure du mentagreux. A la place de la coupure, le malade se rappelle très-bien avoir eu un bouton blanc, ce bouton a duré un mois seulement, à la suite de pommades et de lotions de toutes espèces; mais ses ongles sont devenus malades, et rien n'a pu les guérir jusqu'ici. Il y a deux ans, c'est-à-dire après quinze années de mal aux ongles, il lui est venu un petit bouton à la lèvre inférieure, ce bouton s'est étendu et à gagné de place en place toute la barbe en circonscrivant toujours un cercle plus ou moins arrondi. Aujourd'hui ce malade a une mentagre papulo-pustuleuse qui fait son désespoir. Il y a dix-sept ans, lorsqu'à la suite de la piqûre de l'annulaire de la main droite, les ongles sont devenus malades, ils ont commencé par être rouges, par provoquer une sensation de chaleur ardente insupportable, suivie quelquefois d'élancements et de picotements dans la pulpe du doigt; ils sont en même temps devenus cassants et se sont considérablement hypertrophiés. Aujourd'hui ces cinq ongles ont bien 1 centimètre d'épaisseur, et, lorsqu'on les coupe, il en sort une poussière blanchâtre, qui n'est autre chose, après l'inspection microscopique, que des sporules de trichophyton. Tout prouve que c'est par le contact de la figure avec les ongles que le malade s'est donné la mentagre quinze ans après, et probablement en venant de se faire les ongles; car nous devons faire remarquer, pour ne pas nous laisser ébranler par la longue immunité dont a joui la figure qui était journellement en contact avec la main, que le malade, quoique paysan et faisant de rudes travaux sur les routes, est très-propre, se fait deux ou trois fois la barbe par semaine et se livre aux soins de sa toilette tous les jours. Et nous savons que les soins de propreté contribuent, plus que toute autre chose, à empêcher le développement de cette maladie. Nous ne doutons pas un instant que, sans ces soins, toute la France en soit bientôt infectée, car l'air charrie les sporules de trichophyton, comme il charrie ceux de l'oïdium de la vigne. Nous avons aussi remarqué que cette maladie était quatre-vingt-dix fois plus commune chez les gens malpropres que chez les autres.

De là nous expliquons les quinze années passées en contact journalier avec les ongles affectés de champignons; peut-être le jour où le trichophyton a germé sur la barbe de cet homme, avait-il été pendant plusieurs jours sans faire sa toilette? n'avait-il pas été alité pendant plusieurs jours par une maladie interne, qui l'aurait forcé de suspendre ses soins quotidiens de propreté? C'est ce que nous ignorons; mais nous sommes porté à le croire.

Traitement. Le traitement de la mentagre a été commencé le 3 mai 1856; il a été épilé trois fois et lotionné plusieurs fois; aujourd'hui 25 juin suivant, il est radicalement guéri de sa mentagre. Quant au traitement de ses ongles, ce sera plus long, parce qu'on ne peut pas, en bonne conscience, arracher des ongles, on se borne à les limer; ils ont déjà été limés vingt fois, et on estime qu'ils le seront encore une dizaine de fois; immédiatement après cette petite opération on les lotionne avec de l'eau de sublimé, et tous les soirs on les panse avec de la pommade au turbith.

Du reste cet homme se trouve beaucoup mieux, est très-intelligent, a intérêt à se guérir promptement, et fait lui-même cette opération, aussitôt que les ongles ont un peu repoussé.

CHAPITRE II.

DU TRICHOPHYTON DÉVELOPPÉ SUR LES ANIMAUX.

Cette manière d'envisager sur l'homme, à l'aide des connaissances cryptogamiques, l'affection dont nous traitons, nous a conduit à rechercher sur les animaux s'il n'y avait pas une maladie analogue et dépendant du même principe.

Nous avons, en effet, trouvé sur plusieurs animaux des traces non équivoques de trichophyton, développées sur leur peau et ayant toujours la forme arrondie, le poil cassé à 1 ou 2 millimètres de la peau, étant contagieux et occasionnant l'herpès circiné chez l'homme. Les observations suivantes, d'auteurs dignes de foi, le prouvent assez.

« Un gendarme, dit M. Bazin (ce gendarme est maintenant con-
« cierge rue Tronchet), s'est présenté à la consultation de l'hôpital
« Saint-Louis, avec des plaques herpétiques sur la face palmaire de
« l'avant-bras droit; sur l'une de ces plaques les poils de duvet
« étaient tombés. Ce gendarme nous apprit que cinq ou six de ses ca-
« marades étaient comme lui atteints de la même affection, ce qu'il at-
« tribuait à cette circonstance que, dans une écurie de leur caserne,
« il y avait des chevaux dartreux, et que, par suite des soins qu'ils
« étaient obligés de leur donner, la main et l'avant-bras se trouvaient
« en contact immédiat avec les parties malades, d'où la transmission
« de la maladie du cheval à l'homme. Curieux de connaître cette
« éruption contagieuse, nous nous rendîmes à la caserne, et nous y
« vîmes trois chevaux malades, qui portaient sur le garrot, les épaules,
« le dos et le ventre, des plaques arrondies absolument semblables
« à celles de l'herpès tonsurant. Les poils, au centre de la plaque,
« étaient cassés à 6 ou 8 millimètres de la peau; il y avait, en outre,
« comme dans l'herpès tonsurant, une production blanchâtre squa-

« meuse, et même croûteuse, traversée par les poils. C'était un che-
« val venu de la Normandie qui avait répandu la contagion dans l'é-
« curie et communiqué le mal à huit autres chevaux. »

MM. Deffis et Bazin, ayant examiné au microscope des parcelles
blanchâtres extraites de cette croûte, ont reconnu les traces non
équivoques d'une végétation cryptogamique, mais un peu différente
de celle qui caractérise la teigne tondante dans l'espèce humaine.
Les spores et les tubes étaient infiniment plus petits.

« M. Letenneur dit qu'il a vu très-communément l'herpès circiné
« chez l'espèce bovine, surtout chez les jeunes sujets. On l'observe
« particulièrement au printemps, lorsque les animaux ont passé l'hi-
« ver dans des étables mal aérées, et qu'ils ont eu une nourriture
« insuffisante ou de mauvaise qualité. Le siége le plus fréquent de
« l'éruption est le cou ; on y remarque des plaques isolées ou con-
« fluentes, présentant dans ce dernier cas des bords festonnés ; à la
« surface de ces plaques la peau paraît glabre, et est couverte de
« squames blanchâtres, au milieu desquelles on distingue les poils en
« partie détruits, c'est exactement ce qui a lieu dans l'herpès tonsu-
« rant. Lorsque cette maladie apparaît dans une étable, on regarde
« comme utile de séquestrer les animaux qui en sont atteints, afin
« de préserver les autres.

« Les personnes chargées du soin des bestiaux, et qui sont expo-
« sées à toucher fréquemment les parties malades, contractent facile-
« ment des herpès circinés. L'affection était surtout marquée aux
« poignets, à la face palmaire de l'avant-bras, et quelquefois au men-
« ton chez des enfants qui avaient l'habitude d'embrasser les jeunes
« veaux confiés à leur garde. La transmission de cette maladie des
« animaux à l'homme est un fait parfaitement connu des paysans. Si
« les auteurs classiques n'en parlent pas, c'est qu'ils n'ont étudié les
« maladies de la peau que dans les hôpitaux et dans les grands cen-
« tres de population, et que souvent, dominés par des idées précon-
« çues, ils n'ont pas vu la vérité quand elle s'est montrée à eux.

« C'est ainsi que dans une leçon faite par un bon observateur,

« M. Cazenave, sur l'herpès circiné, le savant professeur montra à
« ses élèves un malade offrant sur le visage un exemple de cette ma-
« ladie. Cet homme attribuait son mal à ce qu'il avait porté sur ses
« épaules un veau dartreux, et cette circonstance ne sembla pas avoir
« frappé M. Cazenave, puisqu'il parla seulement du diagnostic et du
« traitement.

« Je regarde donc comme un fait positif, et qui doit être acquis à
« la science, que l'herpès circiné et l'herpès tonsurant sont égale-
« ment contagieux, soit de l'homme à l'homme, soit des animaux à
« l'homme. »

Pour nous, par l'étude spéciale que nous avons faite des maladies
de la peau et des teignes en particulier, par les observations que
nous avons faites et consignées dans ce travail, nous pensons que
M. Letenneur aurait pu ajouter : et de l'homme à la pluralité des
animaux recouverts de poils.

Il est même question, en ce moment, d'inoculer la teigne faveuse
à des végétaux.

Quel sera le résultat ? Nous l'ignorons.

Cependant l'oïdium tuckeri vit bien sur la vigne, et l'oïdium al-
bicans sur la langue des enfants.

OBSERVATION II.

Teigne mentagrophytique de la face, ayant transmis le trichophyton à un chien.

Le 18 mai 1855, a été admis au traitement externe le nommé H... (Pierre), âgé
de 35 ans, tourneur en bois. Ce malade n'a jamais eu de maladie grave; il est
d'une bonne constitution, assez vigoureux, et d'une santé parfaite, lorsque, il y a
cinq semaines, il vit apparaître, sur la joue gauche, un petit cercle qui lui causait
de vives démangeaisons. Pendant quatre à cinq semaines, il ne s'aperçut pas de
l'augmentation ni de la diminution de cette plaque; mais, à cette époque, l'herpès
prit des proportions gigantesques et obligea H... à venir consulter M. Bazin.

État actuel. Cet homme porte sur la figure des cercles herpétiques de 2 à
3 centimètres de diamètre, couverts au centre d'une desquamation furfuracée, grisâtre, et s'élevant à 1 ou 2 millimètres au-dessus du niveau de la peau; ces

plaques herpétiques ou plutôt pityriasiques ont leur siége sur la joue gauche et la droite ; le dessous du menton et la partie latérale gauche du cou sont le siége d'un prurit insupportable, à ce point qu'il s'endort difficilement, et se réveille tout à coup sous l'influence de rêves pénibles et de soubresauts nerveux. Cet homme croit avoir gagné son mal en se faisant raser chez un barbier malpropre.

Traitement. Nonobstant l'épilation, les lotions de sublimé, et les frictions avec la pommade au turbith minéral, les cercles se sont agrandis, des pustules et des tubercules se sont développés sur les parties affectées, mais n'ont duré que peu de temps, car le traitement ayant été continué ; toutes les complications disparurent avec le champignon lui-même, et, le 15 septembre 1855, M. Bazin constata la guérison radicale.

Au mois de juillet 1855, pendant que ce malade était en traitement, il nous dit que son chien avait la même maladie que lui. Nous examinâmes ce chien, et nous y trouvâmes réellement des plaques circinées, et, chose singulière, elles étaient mieux marquées que sur le cuir chevelu de l'homme ou de l'enfant. Cela se conçoit, du reste, car c'était une levrette, et ces sortes de chiens ont les poils ras. Ce petit animal porte, sur chaque oreille, une plaque de teigne tonsurante, de 2 centimètres de diamètre ; ces plaques, qu'on prendrait au premier abord pour des marques de feu, s'en distinguent en ce que la coloration n'est pas aussi vive que dans celles-ci, et en ce que l'examen avec la loupe y fait découvrir des vésicules très-nombreuses et très-petites, et surtout en ce que, même sans la loupe, on aperçoit les poils rompus à leur base et entourés d'une espèce de gaîne d'un blanc mat, qui pointille et qui tranche sur ces plaques rugueuses, chagrinées, faisant saillie au-dessus du niveau de la peau, et offrant une couleur ardoisée.

Cette matière blanchâtre qui recouvrait les poils, examinée au microscope par MM. Bazin et Diffis, a montré le trichophyton dans tout son éclat.

Il y avait encore, sur chaque cuisse de ce petit chien, deux autres cercles herpétiques exactement semblables aux précédents.

Le sieur H..., pendant ses moments de loisir, s'amuse à chercher les puces de son chien, et en se soumettant à toutes les exigences de cette pénible tâche, il est quelquefois obligé de se gratter la figure, qui est elle-même affectée de mentagre, malgré les efforts qu'il fait pour y résister ; il a pour habitude de se servir de ses doigts, au lieu de peigne, et labourer ainsi, avec ses ongles, toute la peau de son chien pour mieux saisir les puces. Il n'y a donc rien de plus logique que d'admettre le transport du champignon du maître à son chien, pendant ce genre d'exercice.

Pour nous, fort de notre expérience, fort de ce fait que, depuis quatre ans que M. Bazin se livre à cette étude, le principe contagieux du trichophyton n'a jamais manqué quand l'homme ou les animaux s'y sont exposés, nous croyons avoir suffisamment prouvé que les spores du trichophyton sont également contagieux chez l'homme et chez les animaux.

Traitement. H... a traité son chien comme on le traitait lui-même à l'hôpital, et, en deux mois, homme et bête furent radicalement guéris.

CHAPITRE III.

DE LA CONTAGION.

La transmission ou le transport du trichophyton sur l'homme ou sur les animaux est un fait connu, et la maladie déterminée par la présence de ce végétal s'appelle herpès. Les observations que nous avons rapportées le prouvent d'une manière péremptoire. M. Bazin possède encore plus d'une centaine d'observations, qui prouve de la manière la plus évidente la contagion du trichophyton ; mais nous nous abstiendrons de les donner, les croyant superflues.

Le fait de la contagion ne surprendra personne, car la petitesse des spores et des sporules en rend le transport facile, soit par les vents, soit par le contact d'effets provenant d'un individu affecté de cette maladie, soit enfin par la transmission d'un individu à un autre ; tel que, par exemple, nos épileurs qui en sont souvent atteints aux doigts, le coiffeur en brossant la tête d'individus malades et celle d'individus sains ensuite, etc.

Il y a, aujourd'hui 2 mai 1856, dans une pension de garçons de la rue de la Pépinière, 26, quatorze enfants affectés d'herpès tonsurants, et cette maladie y a été apportée, il y a seulement deux mois, par un jeune garçon qui en était lui-même atteint. Je n'ai pas besoin de dire que tous ces enfants sont maintenant guéris.

A la consultation externe, nous voyons très-souvent une mère de famille être atteinte d'herpès circiné aux poignets, aux joues, au cou, en embrassant ou en soignant ses enfants affectés de cette maladie.

M. Ch. Robin se demande si l'état des humeurs de tous les individus est également favorable au développement du végétal, ou si peut-être un certain degré d'altération préalable des humeurs, analogue à ce que présentent les enfants scrofuleux, n'est pas nécessaire.

Nous répondrons qu'il n'est pas nécessaire d'être scrofuleux pour être affecté d'herpès tonsurant, circiné ou de mentagre; mais que cependant l'observation nous a démontré que le trichophyton se plaisait beaucoup mieux sur les scrofuleux ou sur les syphilitiques. Ces tempéraments ayant une vitalité moindre dans les divers appareils de l'organisme et pour ainsi dire de tous les tissus, il pourrait bien se faire que ces parasites préférassent ces sortes de terrains; mais dans l'état actuel de la science nous ne pouvons pas l'affirmer.

L'âge a une influence assez grande sur la détermination du siége et de la contagion.

Dans l'enfance, la maladie se rencontre plutôt au cuir chevelu; c'est la teigne tondante ou l'herpès tonsurant des enfants.

Dans l'âge adulte, on l'observe sur la face et le cou, le dos des mains, les parties sexuelles, et généralement sur toutes les parties du corps. La plupart des mentagres ne sont autre chose que de la teigne tonsurante qui survient dans l'âge adulte, parce qu'à cette période de la vie chez l'homme le système pileux de la face a acquis son entier développement.

On la rencontre aussi chez la femme, mais sous les aisselles et sur les parties sexuelles, bien rarement à la face et sur les autres parties du corps, ou bien alors, si elle s'y déclare, elle ne subit pas toutes ses évolutions; la teigne tonsurante avorte, faute d'un aliment suffisant pour le développement du végétal parasite.

Chez les vieillards, nous avons peu d'exemples d'herpès tonsurants; mais en revanche nous trouvons beaucoup de mentagreux.

CHAPITRE IV.

CONCLUSIONS ET CONSIDÉRATIONS DIVERSES.

Nous avons suffisamment démontré, dans ce travail, que toutes les affections développées sur le système pileux, désignées par les auteurs sous différents noms et regardées comme des maladies différentes, n'en étaient à proprement parler qu'une seule et même, et que par conséquent elles ne devaient porter qu'un seul et même nom. On pourrait, par exemple, lui donner le nom de teigne tonsurante sur le cuir chevelu; teigne mentagrophytique sur la face, et teigne herpétique sur la peau. A l'aide de ces noms on changerait peu ceux des anciens et l'on se comprendrait. Quel que soit le nom qu'on leur donne, qu'on les appelle *herpès circiné tonsurant*, *tondant*, *sycosis*, *mentagre*, etc., le nom, en un sens, ne fait rien à la chose : le rapport entre la maladie observée sur la peau, la tête ou la barbe, sera le même, quant à la nature du principe parasitaire ; mais il changera, quant à la forme de l'affection.

Quand on suit l'évolution du trichophyton, comme nous l'avons fait et comme M. Bazin l'a fait il y a plus de quatre ans, jour par jour, pour ainsi dire heure par heure, on ne peut s'empêcher de reconnaître la liaison qui existe entre ces diverses maladies; et quand on a examiné au microscope le champignon de la teigne tonsurante, de l'herpès circiné et de la mentagre, il ne reste plus de doute, c'est le trichophyton découvert par M. Gruby qui produit toutes ces lésions.

Nous avons une observation de teigne faveuse inoculée sur un individu et suivie progressivement dans toute son évolution. Nous n'avons pas inoculé l'herpès circiné, parce que les épileurs en sont si souvent affectés aux mains, que nous avons cru inutile d'en faire le sujet d'observations sérieuses et en même temps pour éviter les redites.

Voici une observation de teigne faveuse qui prouve de la manière la plus nette combien, avant l'application de ce traitement si simple quand il est bien compris et bien exécuté, on flottait incertain, sans guide, sans règle, et combien toute thérapeutique était impuissante en dehors de l'épilation. Lorsqu'on croyait les teignes guéries, elles revenaient comme de plus belle.

OBSERVATION RECUEILLIE EN 1851,

PAR MON AMI ET COLLÈGUE M. LE Dr MAGNAN,

alois interne du pavillon Saint-Mathieu, service de M. Bazin.

Favus urcéo'aire combattu sans succès par des moyens divers ; diathèse tuberculeuse. Mort. — Autopsie cadavérique.

B... (Prosper), 18 ans, journalier, né à Franchos (Eure-et-Loir), est entré dans le service le 28 février 1851.

Sa mère est morte, il y a fort longtemps ; il ignore de quelle maladie. Il a encore son père et un frère, tous deux bien portants. Quant à lui, sa santé a toujours été bonne jusqu'à l'âge de 12 ans. A cette époque, il s'est développé sur la tête des boutons, qui se sont élargis, et ont fini par prendre l'aspect de godets, comme ceux qui existent aujourd'hui. Il n'a suivi aucun traitement jusqu'à l'âge de 16 ans, et, pendant cette période, il a vécu dans son pays, continuant à travailler, mangeant et dormant bien, et ayant conservé ses forces.

Il est venu à Paris vers la fin de 1849, et est entré à l'hôpital Saint-Louis, dans le service de M. Cazenave, qui l'a gardé pendant quatorze mois. Le traitement que ce médecin lui a fait suivre consistait en tisane de chicorée sauvage, cataplasmes de fécule, bains alcalins tous les deux jours, et à l'intérieur huile de foie de morue, qu'il n'a pu supporter que pendant une semaine. Depuis lors, il a maigri, et beaucoup perdu de ses forces. M. Cazenave l'a renvoyé dans les derniers jours de janvier. Il ne restait plus, assure-t-il, aucune croûte sur la tête ; un mois après, elles ont reparu.

État actuel (4 mars). Au sommet de la tête, on trouve des godets au nombre de 40 à 50, d'une couleur jaune-serin fort remarquable. Les uns sont isolés, les autres groupés par sept ou huit ; ces derniers moins régulièrement arrondis que les autres ; les plus gros ont la largeur d'une lentille au moins, les plus petits celle d'une tête d'épingle. Tous sont constitués par des croûtes saillantes au-dessus du niveau de la peau ; presque toutes laissent passer un ou plusieurs cheveux à travers leur épaisseur ; çà et là, on rencontre quelques croûtes sanguines. En avant et en arrière, on rencontre la même matière concrète, mais agglutinée aux cheveux, surtout en arrière ; en avant, elle est plus disséminée, moins épaisse, moins jaune, et sous forme de poussière. Cette éruption est le siége d'un prurit beaucoup plus intense la nuit que le jour. La tête exhale une odeur forte, très-nauséabonde, les cheveux apparaissent rares et par touffes isolées ; dans leur intervalle, la peau est rosée et luisante. En arrière, les cheveux sont encore assez abondants ; mais, en avant, on n'en rencontre que très-peu. Actuellement, il n'y a aucune suppuration ni aucune humidité.

État général. On ne constate rien du côté de la poitrine. L'appétit est moindre depuis son séjour à Paris ; les forces sont diminuées.

Traitement. Le 10 mars, cataplasmes de sulfhydrate de chaux sur la tête.

Le 12. Sous l'influence de ce moyen, les cheveux sont détruits, les godets ont disparu. On fait des lotions sur les parties malades avec la teinture d'iode.

Le 14. Continuation des lotions iodées ; la tête se nettoie ; les godets restants sont déprimés, effacés.

Le 17. On continue tous les deux jours à badigeonner la tête avec la solution iodée. et on applique des cataplasmes pour faire tomber les croûtes.

Le 23. Les applications d'iode ont déterminé une rougeur érysipélateuse sur le cuir chevelu ; on les suspend aujourd'hui. — Poudre d'amidon.

Le 24. On applique de nouveau la teinture d'iode tous les deux jours.

Le 7 avril. L'amélioration continue ; les croûtes faveuses sont plus superficielles, plus minces et disséminées. Le cuir chevelu est moins rouge, il semble qu'il s'habitue au contact de l'iode. Le malade prend aussi depuis quinze jours du sirop d'iodure de fer, à la dose de 30 grammes par jour.

Le 8. On cesse aujourd'hui tout traitement.

Le 24. Il reste des pellicules. On applique de nouveau l'iode tous les trois jours.

Le 9 mai. Apparition d'un godet très-petit, mais bien caractérisé ; çà et là, points blanchâtres, indiquant une nouvelle poussée.

Le 24 août. L'emploi de l'iode a été continué pendant longtemps, et la tête paraissait débarrassée ; mais, depuis trois semaines environ que les frictions sont supprimées, les godets n'ont pas cessé de se développer. Aujourd'hui, ils sont très-beaux, très-nombreux, ont la forme et la coloration jaune de ceux que portait le malade à son entrée, mais plus larges.

Le 25. Alcoolature de renoncule, 0,30 centigrammes. On continue ce traitement pendant quelque temps, en augmentant graduellement les doses de ce médicament.

Le 3 octobre. Les godets ont repoussé, et sont aujourd'hui plus beaux que jamais. On prescrit un traitement nouveau.

Les godets ayant été préalablement balayés par un cataplasme, on prescrit la décoction et la pommade de suie. On lave la tête avec la décoction, et on applique ensuite la pommade.

Le 22 novembre. On suspend la pommade à la suie, qui a nettoyé la tête, et l'on ne fait aucune application, afin de voir si les godets ne reparaîtront plus.

Le 8 décembre. Les godets reparaissent de plus belle. On prescrit la pommade épilatoire avec la chaux et le sulfure d'arsenic.

Le 21 janvier. On a enlevé deux godets siégeant au sommet de la tête; une dépression existait à la peau, à la place qu'ils occupaient, et sa surface était rouge.

Le 22. La dépression n'existe plus; mais la coloration rouge persiste.

Le 26. Le malade ne prend que de la tisane de houblon; il a eu des vomissements assez abondants. On administre une eau gazeuse. Il a des sueurs la nuit, dort peu, parce qu'il tousse beaucoup; son expectoration ne présente rien de particulier à noter. La pression sous les clavicules est très-douloureuse, surtout à gauche; résistance aux doigts et moins de sonorité à la percussion, dans la région sous-claviculaire gauche. A l'auscultation, on perçoit une respiration rude des deux côtés, mais plus prononcée à gauche qu'à droite; expiration prolongée très-marquée à gauche. Le malade n'a plus de vomissements, mais il a fréquemment des nausées; il n'a pas d'appétit, et est atteint d'une diarrhée que rien ne peut arrêter. Il est pâle, maigre; ses forces diminuent. Il ne se lève presque jamais.

Le 27. Le malade a toujours de la diarrhée, mais elle est moins forte; l'appétit se fait un peu sentir. Le malade demande des aliments.

Le 29. Vomissements de matière verte, porracée. — Fragments de glace; diète absolue.

Le 6 février. On remarque qu'un des godets arrachés le 31 janvier reparaît, et qu'il y a déjà quelques jours qu'il a dû commencer à se développer; un cheveu traverse son centre.

Le 14. L'état du malade va chaque jour en empirant : vomissements; diarrhée; douleurs vives au-dessus des clavicules; pouls vite et petit; peau brûlante; tristesse, abattement; muguet sur la pointe et les parties latérales de la langue.

Jusqu'au 21, jour de sa mort, ce malade a conservé l'intégrité de ses facultés intellectuelles. On a remarqué sous les croûtes faveuses un suintement sanguinolent, assez abondant même pour que l'on fût obligé de le changer de bonnet deux fois par jour.

Autopsie, faite vingt-quatre heures après la mort.

Thorax. Hépatisation du lobe inférieur du poumon gauche; tubercules infiltrés au sommet des deux poumons, mais surtoutau gauche.

Abdomen. Adhérence de tous les viscères entre eux et des deux feuillets du péritoine.

Tubercules à la surface de tous les organes (péritonite tuberculeuse); ganglions mésentériques hypertrophiés, rouges, infiltrés de matière tuberculeuse.

Foie gras; injection de la muqueuse stomacale.

Crâne. Les téguments crâniens détachés offrent à la surface profonde des taches rougeâtres qui correspondent aux croûtes alvéolaires; l'infiltration sanguine a même pénétré dans certains points jusqu'au périoste. Le cuir chevelu sous-jacent aux croûtes est excessivement aminci.

Nous estimons inutile de faire suivre cette observation d'aucune réflexion; l'immense différence qu'il y a entre le traitement d'aujourd'hui et celui qui date de cette observation n'est pas à comparer.

Nous n'avons donné cette observation que pour son traitement, le sujet de cette thèse étant le trichophyton; mais aujourd'hui, le traitement du favus et celui du trichophyton étant le même, c'est-à-dire qu'à l'aide de l'épilation, des lotions de sublimé et de la pommade au turbith, ces deux espèces de champignons sont complétement détruites.

Jusqu'à présent nous n'avons parlé que du *trichophyton tonsurans*, parce que nous croyons que le *microsporon mentagrophytes* de la mentagre, découvert par M. Gruby en 1844, est excessivement rare; car, sur des centaines d'observations faites avec soin, M. Bazin ne l'a rencontré que quelques fois, et dans toutes les autres mentagres il a toujours trouvé le *trichophyton tonsurans*.

Il paraît que ce champignon n'est pas situé dans l'intérieur des cheveux, comme le trichophyton, mais répandu dans le bulbe, sur la souche et à l'origine du poil; il forme, comme le dit M. Gruby, une gaîne végétale.

PARIS. — RIGNOUX, IMPRIMEUR DE LA FACULTÉ DE MÉDECINE,
RUE MONSIEUR-LE-PRINCE, 31.